"十四五"普通高等教育环境设计专业规划教材

室内设计 手绘表现

王玉龙　田　林——　著

Hand-painted
Interior Design

西南大学出版社
国家一级出版社　全国百佳图书出版单位

图书在版编目（CIP）数据

室内设计手绘表现 / 王玉龙，田林著．— 重庆：
西南大学出版社，2024.1
ISBN 978-7-5697-1985-7

Ⅰ．①室… Ⅱ．①王… ②田… Ⅲ．①室内装饰设计
—绘画技法 Ⅳ．① TU204.11

中国国家版本馆 CIP 数据核字（2023）第 192666 号

"十四五"普通高等教育环境设计专业规划教材

室内设计手绘表现

SHINEI SHEJI SHOUHUI BIAOXIAN

王玉龙　田林　著

选题策划：袁　理
责任编辑：邓　慧
责任校对：徐庆兰
书籍设计：UFO_ 鲁明静　汤妮
排　　版：黄金红
出版发行：西南大学出版社（原西南师范大学出版社）
地　　址：重庆市北碚区天生路 2 号
网上书店：https://www.xnsfdxcbs.tmall.com
电　　话：023-68860895
印　　刷：重庆康豪彩印有限公司

成品尺寸：210 mm×285 mm　　　　印　　张：8.5　　　　字　　数：210 千字
版　　次：2024 年 1 月第 1 版　　　　印　　次：2024 年 1 月第 1 次印刷
书　　号：ISBN 978-7-5697-1985-7
定　　价：68.00 元

前言

　　有幸的是我的爱好是手绘，更加有幸的是我的爱好现已融入我的事业。手绘在我的生活、工作中从未停止，它像是生活必需品一样存在于我的生命中。而在生活中，我也在探索新的手绘方式，努力将我在手绘表现教学工作中所遇到的难题简单化，明确重点，简化方法，直击要害。希望通过本书，能让挣扎于手绘表现中的你得到放松，不再惧怕透视、色彩、空间等生硬名词，学会让手绘表现更加生活化。

　　本教材虽以室内设计手绘表现为重点，但请大家在学习的时候能够综合考虑，并进行综合练习，因为室内设计手绘表现与景观设计手绘表现、建筑设计手绘表现等其他门类手绘表现并没有实质的区别。任何类型、形式的手绘表现从表现方法来讲其实质都是一样的。在这个过程中，我们需要解决的问题都是空间、透视、色彩、氛围等基础性常规问题，并不会因为室内、景观、建筑等空间类型的区别而在手绘表现的技法上有本质不同。当然，有针对性地学习与练习对于本专业的同学在目前的学习与日后的工作中都具有直接性的帮助。室内设计分类繁多，也需要多种手绘表现场景的支持，不同的场景需要配以不同的表现方式与表达重点，从而将室内设计这一在设计行业中占有重要地位的设计门类更加精致化、人性化，并且更具有艺术表现性。

　　本教材的首要目的是希望通过内容的展示，将手绘表现学习过程中易使学生感到枯燥、难以理解的部分简单化。其实手绘表现的学习并非大家想象中那样难且无法深入。手绘表现练习的也并非只是些常规性的死板的方法，多数认为手绘表现学不好的同学是对手绘缺乏根本的认识，他们只理解了手绘表现的某一方面而非全部。而在学习方法和练习方式上更是不得要领便难以在这场学习大战中占据主动权。因此，在学习前，首先要解决的问题并不是拥有埋头苦画的决心，而是对手绘表现的全面理解以及培养自身对手绘表现的兴趣和加深对手绘表现的理解与感受。

　　其次，发掘自身的潜力。相信在手绘表现的学习过程中，很大一部分同学会对自己的能力产生怀疑，同样是一幅画为什么自己画出来会那么难看，无论线条、配色都不如人意？处于这个阶段的同学，请不要灰心，相比于看着自己的作品频频点头表示满意的那个阶段，这一阶段的出现代表着你在进步，至少你对审美有着正确的认知。过了这个阶段，你就会发现自己真的在进步，且进步明显。从另一方面讲，并不是所有人都适合用同一种表现手法，换一种更适合自己的表现方式或许会有意想不到的收获。

再次，也是比较务实的一点，高等院校开设手绘表现类课程的主要目的是学生在参加工作后能够在设计工作中灵活自如地运用手绘表现技能，并且将该技能直接转化为收益。在此，我们需要明确的一点是手绘表现是设计师在设计过程中的得力帮手，是设计师必备的基本技能。对手绘表现的正确理解和有效方法的不间断练习是日后熟练应用此项技能的必经之路。而不论是灵感乍现的快速记录，还是方案总结的效果表现，或是日常生活中的随性之作，大家都可以在本教材中寻找到相对应的方法。

　　最后，希望大家对于手绘表现葆有浓厚的兴趣与积极的学习态度，真正热爱手绘表现，享受手绘表现，将手绘表现生活化，坚定自身信念，过关斩将，发掘适合自身的风格及方法，学有所成。

目录

1

如何理解"手绘"

1 如何理解"手绘"

作为设计类专业的学生，对于"手绘"是否有过迷茫？面对就业压力，面对专业考研等类型的考试，你的内心是否早已将"手绘"纳入如同数学、语文一般的必修课程中？倘若"手绘"与专业无关，与设计无关，你是否依然会阅读此书？即使是继续看下去，那你期待此书给你的答案又是怎样的？

种种的疑问归结起来就在于你是如何理解"手绘"的。

第一节　手绘表现的概念与应用

幼儿的随手涂鸦，日记本中放肆无序的线条，甚至原始人类表达情绪、记录生产生活的特殊符号与印记，都可以归纳为手绘。追溯人类文明的出现与发展，先出现的是"手绘"而非文字，这证明了"手绘"比文字更加易懂、易读，可以更加直观且便捷地表达人类的各种情绪与想法。回看中外历史，用图片记载的历史事件所传达的信息远比用文字描述的同事件更加生动、丰富。由此可见，"手绘"一词所涵盖的广度和深度远不仅仅是设计专业就能概括的，狭隘的理解只会局限自己的想法，也会局限自己对于手绘应用的感悟与兴趣。作为设计类专业的学生，学习手绘是有目的的：我们需要通过手绘作品表达设计想法、构思及设计效果。手绘本身没有明确的目的性，我们可以利用手绘表达自己的情绪。（图1-1至图1-5）

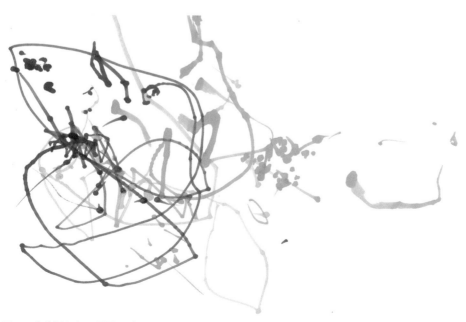

图1-1 幼儿期涂鸦 田晨熙 2岁
幼儿最初的绘画活动一般在1岁到2岁半左右，幼儿会在纸上自由地、无规则地画断断续续的点、线，属于无目的的本能运动

图1-2 陕西临潼姜寨出土陶文

图1-3 敦煌莫高窟壁画九色鹿局部（图片来源：敦煌研究院）

图1-4 手绘日记

在文字记录的基础上加入插画和色彩，让日记变得更加有趣、生动，记录过程也让人轻松愉悦

图1-5 建筑速写

建筑速写重点在于表现建筑的空间氛围与透视体量感，采用自由随性的笔触线条更能表现出建筑的美感

一、手绘表现的概念

　　一般意义上的手绘表现是指人类借助某种工具采用多种手段所描绘出的纹样，涉及面丰富、广阔。而从设计专业意义上讲，手绘表现是设计师用来表达设计想法、设计意向、设计理念的手段，它可以是设计前期的研究性手绘，也可以是设计成果部分的表现型手绘。（图1-6至图1-9）

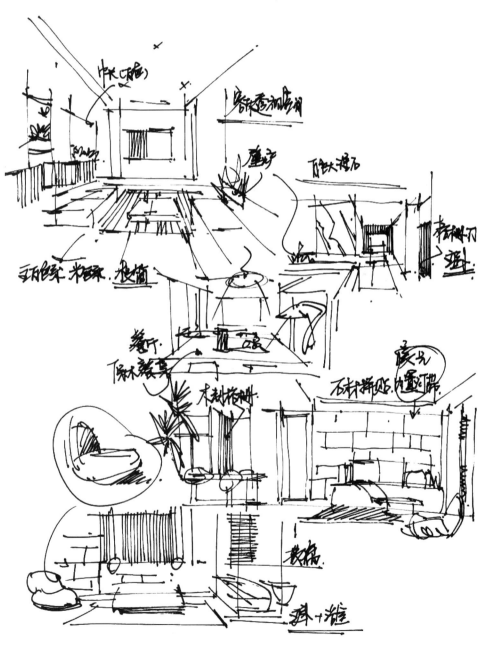

图1-6 设计草图
草图体现了设计师的设计思维过程，其线条及空间透视不一定是完全准确的，但是对于记录一闪而过的设计想法是十分必要的阶段表现

图 1-7 餐饮空间设计草图
室内设计草图重点表现空间透视及光影效果，细节无需过多深入

图 1-8 卫浴空间设计效果图
效果图表现需尽可能将空间内材质、色彩、照明及空间感表达完整、真实，以具有设计参考性

图1-9 咖啡厅设计效果图

二、手绘表现应用

手绘表现是很多设计类专业学生的必修课程，也是应用于各行各业手工绘制图案的技术手法。目前，手绘表现主要应用于建筑设计、室内设计、景观设计、城市规划设计、服装设计、工业设计、陈设设计、视觉传达设计等专业设计工作中。"图画是设计师的语言"，不论是空间类设计行业，还是平面类设计行业，可以肯定的是，没有哪个设计师是不会画图的，作为一种最常见、最便捷、最直观的表达方式，手绘表现正在被应用于更多领域，并且这种现象将会一直发展下去。

第二节　室内设计中的手绘表现

对室内设计专业的学生来说，手绘表现更多的是在室内设计方案中所需要的思考过程和创意构思的必要手段，这是一个思考并逐步完善的过程。

整个设计过程实际上是设计师设计思维发展的过程，同时也是手绘表现从草图到效果图进阶完成的过程。

室内设计按照空间的使用功能可以分为：

1.居住空间，主要涉及住宅、公寓和宿舍等室内空间；

2.公共空间，主要涉及文教类室内空间、办公空间、商业空间、展示展览空间、娱乐空间、体育场馆空间等。

空间使用功能的区别使得室内设计类别看似有着多样性，但对手绘表现来说，室内空间设计与景观设计、建筑设计的手绘表达方式并不存在本质的差别，仅仅是室内空间内部仅有的功能表象差异。空间的表现其本质是一致的，所谓的差异也仅仅是表象的不同与技巧的杰作。对于手绘表现的学习，无论是室内、景观或建筑，空间的理解与表现都需要在前期打下坚实基础。在这个阶段，学习与练习可以做到无差异。进入中后期，空间类别多样性所带来的情感差异则需要被放大，因为人是有情感的。人将空间也赋予了被期望的情感，居住空间需要体现家的温馨与随性，或是高端住宅的大气与现代化；餐饮空间需要体现就餐环境的和谐与舒适，个性化的色调更能体现出设计上的与众不同；办公空间需要表现工作环境所需的冷静、平和的工作氛围，中性偏冷的色调会让空间显得更加理性；娱乐空间需要体现放松、无拘束的氛围，笔触与色彩的多样变化更能使人感受到内心的舒爽……诸如此类的氛围烘托多取决于手绘表现技法的多样变化与组合。根据空间不同的需求选择不同的表现手法更能体现设计师对于手绘表现与设计方案的深入理解。因此，空间表现本无差异，情感的表现则需要技巧。（图1-10至图1-13）

图1-10 居住空间手绘表现
针对儿童的居住空间更加需要温馨且充满童趣的氛围营造

图1-11 餐饮空间手绘表现
咖啡厅给人的整体感觉是放松且随性的，琳琅满目的商品和摆设更加能够体现出空间的丰富性

图1-12 办公空间手绘表现
干净整洁的空间更加适合工作，笔触的表达也尽可能以简练直接为主

图1-13 工业空间手绘表现
机械化生产的厂房相比于其他空间更加雄伟一些，配以场景内部的大型机械，即便是简单的一点透视也能够营造出丰富的
画面效果

对设计师来说，表现的目的是一致的，设计最重要的就是通过理性的专业技能来表现甲方心目中感性的情绪变化，并将其固化于某一实际的空间中。换一种说法就是面对一个空间，设计师了解并挖掘甲方内心的空间预设，利用自身的专业技能（其中包含手绘表现技能），将这个理想空间建构出来。在这个过程中，手绘表现技法充分体现了设计师的设计理念与艺术修养。这需要设计师用快速、准确、简约的方法及与之适应的技法将自己脑中瞬间产生的想法、某种意念或形态迅速地在图纸上表现出来，并以一种通俗易懂的直观图形语言与甲方进行交流、沟通，从而进一步完善设计。

在当下设计行业中，计算机所占的地位无疑是举足轻重的，包括在平常百姓的心目中，对于设计师的印象也是整日坐在电脑前操作各类软件进行设计工作的人群。同样的，在设计工作的表现过程中，计算机不仅可以更加高效、真实地表现设计想法，而且可以通过视频类的影像表现将项目场景更为直观地向观者展示。计算机绘图表现的便捷与智能势必会对手绘表现的影响力产生冲击，但其实两者并不是对立的关系，而是互补的关系。手绘作为表现类绘画，其技巧是最富有灵性、最生动的，丰富的笔触与表现出的色彩质感在某种程度上来说是计算机无法模拟的。但是手绘表现也存在弊端，对于场景的真实性与透视比例的科学性表现都不及计算机表现准确，同时在精细化绘图效率方面也赶不上计算机的作图速度。因此，作为一个设计专业的学生，要想成长为一个优秀的设计师，熟练掌握多种作图技巧是十分必要的。选择适当的绘图手法可以将方案更为完整、生动、合理地表现出来，便于理解与沟通。（图1-14、图1-15）

图1-14 手绘表现（左）：画面整体随性自然，手绘笔触能够将空间的生动性很好地表达出来；计算机表现（右）：画面真实感较强，空间中的材质、色彩、光影具有很强的参考性

图1-15 手绘表现（左） 计算机表现（右）

第三节　常用手绘工具

　　手绘表现应该选择什么工具一直是手绘初学者比较关注的一个问题。适合的工具确实可以使初学者较快熟练应用，但是大家也没有必要过分追求工具的完美，一方面因为工具始终只是工具，对于表现效果来说不会起到决定性作用，学好技能才是根本。另一方面，适合别人的工具未必适合自己，热销的工具或许适合大部分人，但你可能就属于那一小部分人。每个人喜好的手绘表现风格与作画习惯均存在差异，运用到的工具也必然有所不同。因此，在工具的选择上需理性参照自己的习惯与风格。

　　以下所列举的工具为手绘表现用到的常规工具，大家可根据自身的情况进行取舍。

一、手绘起稿常用工具

　　手绘起稿常用工具有素描铅笔、自动铅笔。（图1-16）

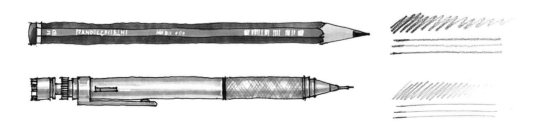

图1-16 手绘起稿常用工具

对手绘初学者来说，起稿是十分必要的一个步骤。在此过程中可能会反复修改，所以选择软硬适度的铅芯较为重要（2B铅芯即可），以免反复修改弄脏纸面。若笔尖过细也容易在纸面留下划痕，需注意。

二、手绘线稿常用工具

手绘线稿常用工具有针管笔、钢笔、中性笔、美工笔、草图笔等其他勾线笔。（图1-17）

手绘线稿工具多以黑色为主，选择多样。初学者多选择使用针管笔，因为针管笔粗细分类细致，初学者可根据自己的习惯选择适合的粗细，0.3—0.5是常用的选择。线稿工具比较注重笔尖的顺滑感和所绘线条的笔触感，其中钢笔、美工笔、草图笔都可以表现出较生动流畅的线条，可作为线稿工具的首选。

三、手绘着色常用工具

手绘着色常用工具有马克笔、彩色铅笔。（图1-18）

马克笔分为油性马克笔、酒精性马克笔和水性马克笔三大类，从字面意思上理解就可看出其调和颜色的介质不同。也可从气味上进行区分。油性马克笔气味刺鼻，水性马克笔类似儿童绘画所用的水彩笔，色彩不易调和。就实用性来说，酒精性马克笔较适合初学者。待熟练应用后，可以三种马克笔

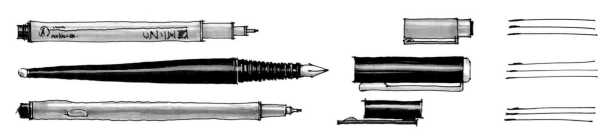

图1-17 手绘线稿常用工具

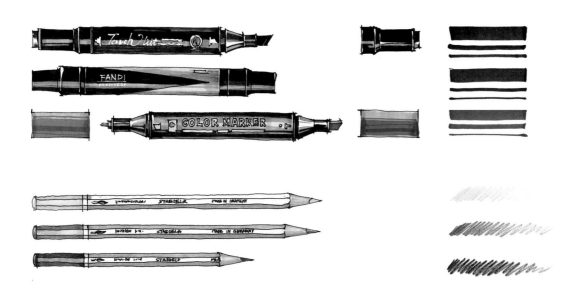

图1-18 手绘着色常用工具

混用，能塑造出更加丰富的画面效果。购买马克笔时，初学者问得最多的问题就是颜色的选择，再次给大家一点儿建议，在预算可以承受的范围内，颜色越多越好。若预算有限，可选择一些灰色调的色彩，大家也可以参照生活空间中常见的色彩进行选择。明艳的颜色实际并不多见，多以不同深浅的灰色或色调偏灰的彩色为主。马克笔的数量尽可能不少于60色为宜。

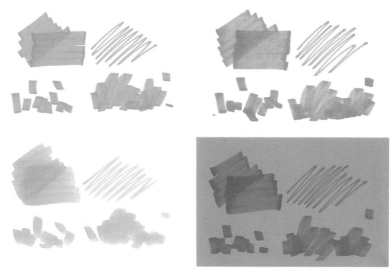

图1-19 马克笔专用纸（左上） 普通复印纸（右上） 硫酸纸（左下） 牛皮纸（右下）

彩色铅笔分为普通彩铅、水溶性彩铅、油性彩铅三大类。其中水溶性彩铅和油性彩铅着色性较好，色彩细腻，变化丰富。普通彩铅铅质较硬，着色力差，不建议选择。在购买时同样以色彩多为宜，至少不少于36色。

四、手绘常用纸张

手绘常用纸张包括马克笔专用纸、普通复印纸、硫酸纸、牛皮纸等。（图1-19、图1-20）

马克笔专用纸，主要是配合马克笔使用的专业用纸，其特点是马克笔呈色效果佳，有一定的厚度，色彩不易渗透，是马克笔作品用纸最佳选择。（图1-21、图1-22）

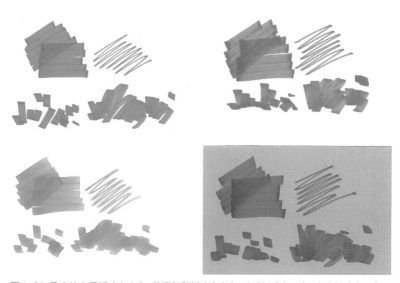

图1-20 马克笔专用纸（左上） 普通复印纸（右上） 硫酸纸（左下） 牛皮纸（右下）

图 1-21 马克笔专用纸（一）
空间内色彩较丰富，马克笔专用纸可以很好地还原色彩

图 1-22 马克笔专用纸（二）
对于室内配饰色彩纯度比较高的空间，在表现时可适当降低其饱和度，如此画面效果会更加和谐

普通复印纸，练习阶段常用选择，纸张较薄，
色彩容易渗透，基本可满足马克笔的色彩还原性。
（图1-23、图1-24）

图1-23 复印纸（一）
复印纸纸张厚度有限，马克笔笔触会较为明显

图 1-24 复印纸（二）
作为日常练习用纸基本可以满足表现要求，适当的笔触效果可以增添画面的丰富性

　　硫酸纸，纸面光滑，纸张呈半透明状，可作为拷贝纸使用。无法完全还原马克笔原有的色彩，但呈现色彩通透性较好，画面效果清爽、明亮。（图1-25、图1-26）

图1-25 硫酸纸（一）
重色调在硫酸纸上的表现与复印纸差异不大，笔触中水痕相对明显一些

图1-26 硫酸纸（二）
浅色调更能表现出硫酸纸的优势，通透、色彩融合度较高

牛皮纸，最大特点是纸张呈现棕黄色，纸张有厚薄之分，纸张两面有细滑、粗糙之分，可根据需要自行选择。能营造复古、陈旧的画面效果。(图1-27、图1-28)

图1-27 牛皮纸（一）
与牛皮纸同色调的空间更能体现出画面效果，木质建筑的棕色调与牛皮纸的黄色调可以很自然地相融合

图1-28 牛皮纸（二）
用牛皮纸表现时可适当利用具有覆盖性的亮色（高光笔、白色彩铅）进行提亮、留高光，如此画面黑白灰层次感更强

对手绘初学者来说，多准备一些普通的复印纸即可，大小 A3、A4 均可。技巧熟练后可根据所需效果选择其他纸张。（本教材中百分之九十以上的图均绘于普通复印纸上，并不影响最终画面效果）

五、其他辅助工具

其他辅助工具有涂改液、高光笔等。涂改液和高光笔并非用来修改，而多用来点缀、提亮等。画面中不宜过多使用，小面积或局部使用可以起到提升物体的质感和丰富画面细节的作用。（图1-29、图1-30）

图1-29 高光笔及涂改液重点用于画面中部的重点部分，背景及前景减少使用量

马克笔：手绘表现图最主要的上色工具，其特点是携带方便、色彩丰富、速干、渗透力强。酒精性、油性马克笔便于色彩间混合，笔触柔和，适合初学者使用；水性马克笔类似于儿时所用的水彩笔，色彩丰富，笔触明确，较酒精性、油性马克笔来说难度较大。

水溶性彩色铅笔：用于手绘表现图上色，或配合马克笔使用，一般色彩至少需要 36 色，色多更佳。

绘图纸张：不同纸张可表现出不同的效果。马克笔专用纸对于马克笔的呈现效果最佳，且不易渗透；牛皮纸可表现出复古、陈旧的画面效果，但不宜使用过多色彩；硫酸纸是设计图中常用的纸张，便于反复拷贝、临摹，上色效果通透、明亮；复印纸性价比高，适合初学者练习或设计草图阶段使用。

高光笔、涂改液：用于细节刻画和提亮高光，要求笔触流畅、细致。

素描铅笔、自动铅笔：用于起草画面，便于修改。

橡皮：修改铅笔稿。

中性笔、针管笔、钢笔：用于手绘表现图线稿勾勒，笔尖粗细分类详细，找到适合自己的一款勾线笔极其重要，过细的笔尖对画面整体效果的塑造能力较弱，过粗的笔尖不利于刻画细节，一般 0.3—0.5 粗细的较为合适。

比例尺：平面图、立面图、剖面图等标准制图必备，便于不同比例之间的转换。

色卡：马克笔色彩标注，手绘初学者可以借助色卡快速找到所需颜色，若对于马克笔色彩熟悉者可忽略。

图1-30 手绘表现用具

思考题：

1.你喜欢/不喜欢手绘表现的原因是什么？

2.什么样的学习方式是你希望实现的？

3.对你来说，学习手绘表现最大的困难是什么？

4.计算机作图效果与手绘表现效果，你更喜欢哪一种，为什么？

5.室内设计与手绘表现的关系是什么？

课余时间练习题：

收集自己喜欢的手绘表现作品，形式、内容不限，可以与专业无关。

2

室内设计手绘表现技法

2 室内设计手绘表现技法

初学者在学习设计手绘表现的过程中最重要的是表现方法和长期实训经验的积累。本单元作为室内设计手绘表现技能最重要的部分，将表现技法从线条、空间、配色方面进行系统、详细的分解展示，学生只有通过科学的技巧训练，坚持长期不断的练习，才能掌握简单且便于应用的室内设计手绘表现技法。

第一节　线与线的应用

在一幅完整的手绘表现作品中，线条作为整幅画的框架，其主导作用是当之无愧的，就好像人体中骨骼支撑起人类躯体，小说中主线贯穿故事始末一样。线条领导着整幅画面的走向，倘若线条存在错误或不当，再绚丽的色彩都无法起到弥补作用。因此，在手绘表现的学习过程中，将线条的学习作为最重要的方面是具备充分理由的。

一、手绘表现中线的分类

在手绘表现中，线条是画面构成的最基本元素。一幅完整的画面，首先需要用线条搭建整个空间的基本构架，其次才是色彩等其他方面的运用。因此，在学习手绘表现的过程中，线条就是技法学习的初始，而线条的熟练应用也直接展现出一位设计师表现技能的强弱。从严格意义上讲，手绘表现中的线条是十分随性且自由的画面组成部分，而每个人对于画面理解的差异，绘画习惯的不同，甚至用笔方式的区别都会改变线条的使用方式，所以理论上是无法将线条进行明确分类的，但为了方便学习和理解，本书还是从线条的形态与线条的日常应用两方面考虑将手绘表现中的线条分为快线、慢线和自由线三种。即便如此，也请大家在日后学习和使用中注重线条的差异化，不要过于追求线条种类的区别，毕竟只要是自然的线条都该被肯定。

（一）快线

快线，其表现特点是直接、快捷，塑造的形体形态扎实、造型感强、具有一定的质感，尤其适合在绘制草图时使用，更能够强调表现出徒手绘制的视觉感受。（图2-1、图2-2）

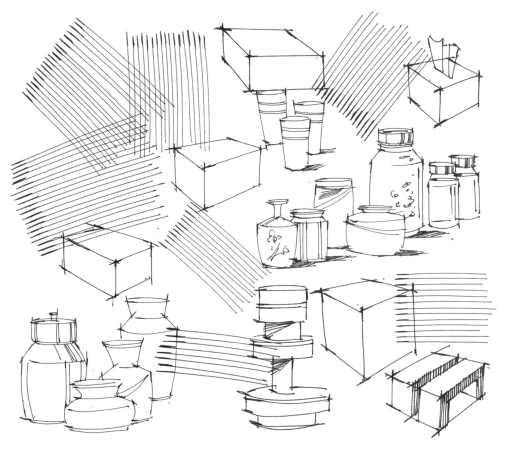

图 2-1 快线线条展示
干净、肯定的线条有利于表现体块的力量感

图 2-2 快线表达简单空间
用快线绘制的空间具有一种"痛快"的视觉感受，易凸显画面的空间感

图 2-3 慢线线条展示
线条稳中有序，变化丰富

图 2-4 慢线表达简单空间
慢线给人一种悠然自得的松弛感，线条变化丰富且随性

（二）慢线

慢线，顾名思义，在绘制速度上较快线而言会慢一些，但是慢线更能表现出轻松、自由的画面效果。在线条的绘制过程中，对运笔速度的准确掌控可以让线条更加灵动、放松，能绘制出不一样的画面效果。慢线其实更适合初学者使用，很多刚接触线条表现的学生难以将线画直或画准，而慢线这种可以"慢慢画"的表现方式刚好能解决这个问题。虽然线条表面上看略显闲散，但是每一根线条也需要保证其质感和准确性，以塑造物体自然生动的轮廓。（图2-3、图2-4）

（三）自由线

自由线结合了快线和慢线的特点，线条在运笔的过程中时快时慢，非常灵活，更加适合在快速表现时使用。尤其是在设计草图阶段，当设计师思维快速运转时，需要在短时间内将设计要点进行记录，这时所采用的线条多是这种不受任何拘束的、轻松的、随性的线条。（图2-5、图2-6）

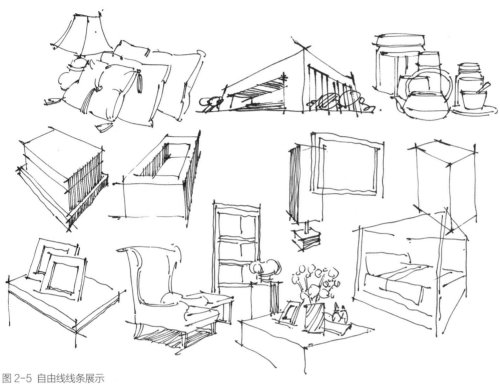

图2-5 自由线线条展示
在设计实践中自由线使用最多，可结合实际设计需求随意转换

图2-6 自由线表达简单空间
线条根据画面需求进行针对性表达，"点到即止"的表达方式有利于空间整体性的营造

绘制要点：

线条的表现不仅需要美观，更需要合理。根据表现的物体、场景、效果的不同，选择不同的线条和笔法，方能使画面整体线条丰富、表达合理。

（1）工欲善其事，必先利其器。话虽如此，但对手绘表现来说，工具所起到的作用实在有限，好的线条的出现主要还是技法在起作用。初学者总将画不出好看的线条怪罪于工具不得力，这是不对的。

（2）运笔过程中线条不肯定，常出现顿挫、反复重叠的线条，这是因为将素描表现中的用笔习惯运用于手绘表现，此类线条缺乏流畅感与肯定性，严重影响画面整体效果，要慎用。（图2-7）

（3）飘忽不定、有头无尾的线条需谨慎使用。多用于光影、水影等特殊效果表现，若习惯性大面积使用会使画面显得潦草、不严谨。（图2-8）

（4）对于结构表现，在起笔、运笔、收笔过程中需将线条控制有序，线条的适当搭接可表现结构的扎实、准确。（图2-9）

（5）不要盲目追求线条的"直"。为什么在手绘表现中不提倡使用尺子画线？因为尺子描绘出的线条虽然直但会丧失手绘表现中最注重的自然、洒脱、轻松感，线条的目的不在于直，而在于情感的表达。在保证画面透视准确的前提下使绘制的线条更加洒脱、生动，最终的画面效果才会更加吸引人，这也是判断手绘表现能力高低的重要依据。

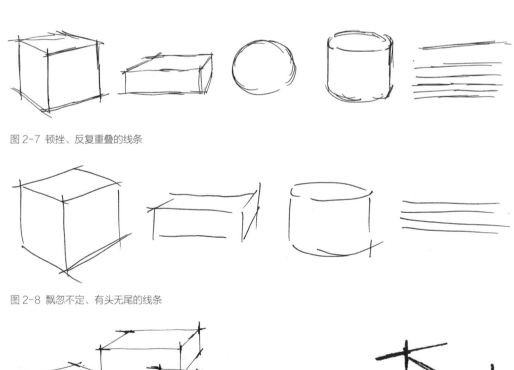

图2-7 顿挫、反复重叠的线条

图2-8 飘忽不定、有头无尾的线条

图2-9 线条的搭接使物体视觉上更加扎实、肯定，造型感与体积感更加明确

二、阴影、明暗色块的表现

　　线条不仅可以用来表现物体的轮廓、形态，也可以表现物体的体积、明暗，以及空间的纵深、透视。如何利用线条表现物体的阴影和明暗关系，一直以来都是初学者询问较多的问题。其实，阴影和明暗关系的表达可以在上色阶段完成，但是对纯线稿表现或者想要空间感更强的表现图来说，在线稿阶段将其表现丰富是再好不过了。

　　阴影是一种光学现象，物体在受光情况下，遮住了光的传播而形成的较暗区域的投影即为阴影，也就是我们常说的影子。

　　不同物体、不同光线下所形成的阴影形状也是各不相同的，建议大家在日常生活中多观察不同物体在不同光线下所形成的阴影色彩及形状，这对于手绘表现的学习是十分有帮助的。在练习过程中，我们可以先将简单的物体作为基本对象，将阴影与物体完全分离，得到完整的阴影部分。一般情况下，物体所形成的阴影部分颜色较深，在画面表现中可以构成明显的明与暗，在线条的运用中，可以顺一边依次排线，排线过程中需注重色块疏密关系，适当的角度变化也可以丰富阴影效果。（图2-10）

图 2-10 阴影的表现
物体阴影的表现方式有很多，适当的阴影可以增强物体的空间感与空间的纵深感

在表现物体的明暗关系时，建议大家一定要与素描中的调子区分开。手绘表现更加注重的是形体的简化与直接，运用过多的线条强化物体的明暗会导致画面效果整体偏"重"，背离手绘表现初衷。因此对于明暗色块的表现以简单为主，在主体部分顺应物体轮廓同方向排线即可，无需线条交叉反复强调。非重点物体可以直接留白，做到主次有序。（图2-11）

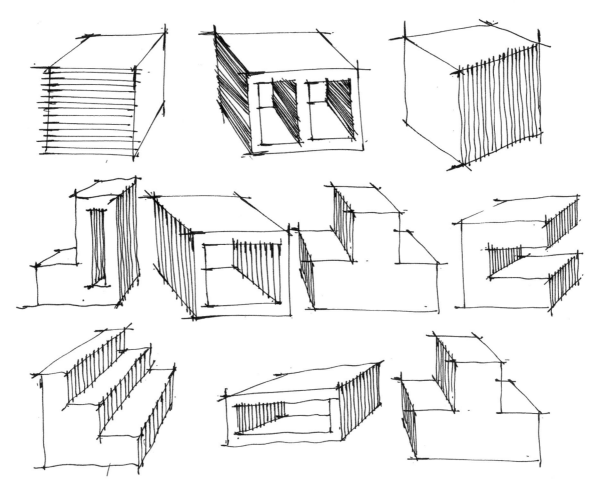

图 2-11 明暗色块的表现
排线是最基本的区分体块明暗的方法

绘制要点：

（1）强调阴影对表现物体的体积感与提亮画面对比度有一定帮助，但是阴影不是越黑越好，若阴影部分颜色过重会在画面中形成突兀的黑色斑块，影响画面整体效果。阴影部分的排线应呈现灰色色块效果，相融于整体画面为最合适。（图2-12）

（2）在线条的排列表现中应该做到基本整齐有序，但也并不意味着绝对的整齐。过于整齐的排线会显得死板、缺少变化。可在必要时转换线条角度来丰富色块效果。（图2-13）

（3）避免线条间的"十"字交叉，减少没有必要的线条重叠。（图2-14）

图2-12 错误示范（一）
投影部分线条生硬死板且颜色太黑，严重影响画面效果

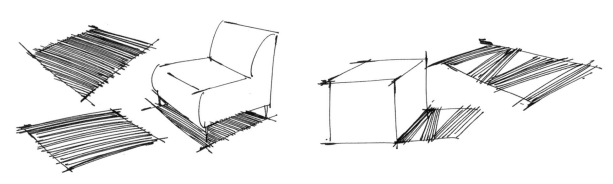

图2-13 错误示范（二）
投影部分排线过于整齐、生硬，角度变化过大，容易使影子与物体产生不协调的视觉感受

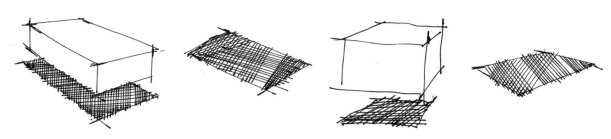

图2-14 错误示范（三）
投影部分排线交叉角度过大，形成"网状"结构，易产生不自然的视觉效果

三、线型组合训练

　　手绘表现中线条的表现看似有章可循，实际上它的始末多源于作者的内心，对初学者来说或许有些飘渺。无章法的线条似乎很难被肯定，这可以理解。因此对初学者来说，按部就班的线条练习必不可少。只有掌握好"规矩"的线条组合，才能为日后"不规矩"的线型组合打好基础。经历过一段时间的科学练习后，熟练的线条表现技法可以帮助我们应对不同空间组合的需要。线条的表现可以运笔肯定、大气严谨，也可以活泼随性，强调手绘技法训练中感性的一面。无论哪种画法，实际上均以作者最真实的内心感受为主。艺术没有对与错，线条亦然。在线条综合练习阶段，可选择多种表现内容相结合，并不是一味地将室内设计表现相关内容作为练习对象才是对的，线条的多样性练习也可以通过人物、动物、植物或其他小物件、大场景得以实现。接触多方面的表现内容，在应用时才能更加得心应手。（图2-15）

图2-15 线型组合训练

第二节 空间的理解与塑造

从线条到空间，从二维到三维，这是一个手绘表现训练进阶的过程。区别于插画设计、平面设计，室内空间设计是在三维立体空间中进行综合应用的设计，这就需要设计师思维立体化，具备一定的空间想象力与空间表现力。手绘透视技法的学习是了解空间的第一步。透视是日常生活中常见的一种现象，也是在进行专业室内空间设计及空间手绘表现时需要最先解决的问题。从透视到体块，到节点小空间，再到最终的室内效果图空间，这是学习手绘表现过程中眼、脑、手需要高度配合的阶段，其中每一部分的内容都需要深入理解，其并不是具有感性的思维就能够应对自如的。设计需要科学的支撑，表现方法同样也依赖于科学，初学者将理论方面的知识理解后，将其与技法、方法论结合应用，便能够在空间的表现塑造方面游刃有余了。

一、透视技法简述

面对透视技法的学习，许多初学者表示茫然或者不自信，总认为透视是难以掌握的科学技能。透视存在于我们身边任何空间中，在日常生活中多观察、多思考，多画点空间小草图，这些都可以帮助我们迅速理解透视这一科学现象。简单来说，所谓的透视就是一种近大远小、近实远虚、近高远低的视觉现象，只要不是在梦中，你睁开眼睛看到的所有事物都可以用这种现象来解释。如果将这种现象落实到画纸上，那就是利用透视学原理表现、营造一种视觉错误，让观者在二维的平面中感觉到三维的立体效果。在室内设计手绘表现中，我们常用到的透视方法有一点透视（平行透视）、两点透视（成角透视）、微角透视（一点斜透视）。（图2-16至图2-18）

图2-16 一点透视

图 2-17 两点透视

图 2-18 微角透视

（一）一点透视

一点透视又称平行透视。假设观者与他前面的空间平行，没有任何角度，得到的就是一点透视。观者正对着的就是消失点，如果观者移动，消失点也跟着移动。（图2-19至图2-21）

绘制要点：

（1）在一点透视中，画面中只有一个消失点。消失点的位置取决于观者视线高度，即画面中视平线的位置。

（2）画面中所有的横线都是水平的，所有的竖线都是垂直的。只有表示空间纵深效果的透视线与消失点相连，才存在透视变化。

（3）一点透视是最基本最常用的透视作图方法，其特点是表现范围较广、画面平稳、纵深感强，因此也较适合表现大型会议室、礼堂、办公场所等庄重大气的空间。其弊端是画面容易显得呆板、单一、缺乏变化。

图2-19 画面中的物体平稳有序，给人"安稳"的视觉感受

图 2-20 立柱和屋脊增加一点透视的透视效果，凸显空间的纵深感

图 2-21 一点透视室内空间

（二）两点透视

两点透视又称成角透视。对表现三维对象来说，两点透视是很有效用且强有力的表现方式。假设观者面对一个常规方形空间时并不是正对直面这个空间，而是存在一定角度，这时就出现了两点透视。（图2-22至图2-24）

绘制要点：

（1）在两点透视中，画面中有两个消失点，而且两个消失点位于同一视平线（这点很重要）。

（2）在绘制时，两个消失点的位置不要间隔过近，否则容易造成透视变形，从而导致画面失真。

（3）画面中基本没有水平线，所有表现空间的透视线都需要与消失点相连，画面中的垂直线依然保持垂直。

（4）两点透视是一种有着较强表现力的透视作图方法，其特点是画面生动、活泼，比较适合表现立方体的正、侧两个面，可以较为全面地诠释一个空间的关系。利用明暗对比，可以很好地表现物体的体量感，能使画面效果生动、具有真实感。

图2-22 两点透视餐饮空间
两点透视空间效果更加灵动、自由

图 2-23 两点透视厨房空间

图 2-24 两点透视酒店大堂空间

（三）微角透视

　　微角透视其实是介于一点透视和两点透视之间的一种透视现象。观者正对着一个空间所看到的是一点透视，而靠近空间中墙角线的位置看到的则是两点透视。如果观者对着内墙角，但是又不正对，而是斜站，此时看到的透视则介于一点透视和两点透视之间，即为微角透视，也称为一点斜透视。（图2-25至图2-27）

绘制要点：

　　（1）微角透视有两个消失点。其中一个在画面中间偏左或偏右的位置，另一个则距离很远，一般都在画面外。

　　（2）与两点透视相同的一点是，微角透视空间中也没有水平线。只有垂直线依然保持垂直且相互平行。

　　（3）微角透视比一点透视灵活自由，比两点透视更能全面地反映空间特点，画面既宽阔、舒展，又有一定的立体感。

图 2-25 微角透视餐饮空间
相对于一点透视，微角透视的画面更富于变化，不显呆板

图 2-26 微角透视酒店大堂空间
利用透视关系凸显空间的开阔与强烈的纵深感

图 2-27 微角透视室内空间

二、室内空间配饰的语言表达

　　室内空间设计多是利用天花板、墙面、地面将空间围合成为一个闭合或半闭合空间，室内空间中的家具及其他配饰成为室内空间中重要的组成元素。在表现室内空间的配饰时，应以主体空间风格为统一标准。可以通过家具及其他配饰表现空间的纵深感以及形式蜿蜒的构图和虚实的效果，渲染室内空间的氛围。

　　（一）体块的"加"、"减"

　　室内空间中，家具占据着较为主体的位置，不仅在居住空间，在其他室内公共空间中亦是如此。家具受风格因素影响会让大家产生其形态多样且复杂的理解，而实际上将家具的分类形态进行概括归纳就会发现，家具的形态十分有限，而且大部分都是在一个基础形态的前提下增添细节元素，使其看上去变化多端。因而，可以将家具的形态概括为基础、简单的体块进行组合，这个过程对初学者而言是入门级别的练习方法。

　　在学习家具表现时我们应该首先掌握家具及其配饰的基本比例和尺度关系，切忌将重点放在细节的刻画和轮廓的临摹上。将家具的形态概括为基础几何形态，并且通过对几何形态的"加"或"减"来细化每一部分造型，最终形成我们需要的家具形态。

　　初学者在前期练习中，不要受某一家具形态的限制，可以纯粹地练习单独立方体的"加"、"减"变化，一方面可以巩固前期透视技法的应用，另一方面可以将线条的表现进行实践尝试。（图2-28至图2-31）

　　绘制要点：

　　（1）练习顺序可以从一点透视体块的"加"、"减"到两点透视体块的"加"、"减"，一点透视相对来说更简单且易于理解。

　　（2）表现过程不要急于求成，重点把握几何形体的透视准确。

　　（3）练习过程中可将教材范图作为参考，但尽量避免完全临摹，最好是自主表现体块的变化。加强自身对于空间的敏感性，这对后期整体空间的理解与表现是十分必要的。

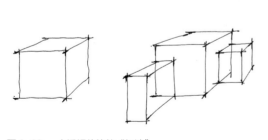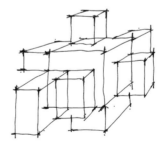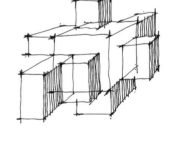

图2-28 一点透视体块的"加法"

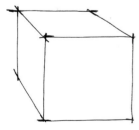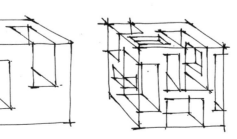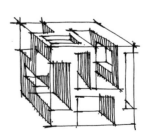

图2-29 一点透视体块的"减法"

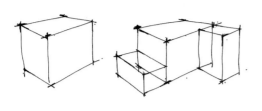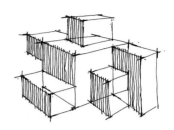

图 2-30 两点透视体块的"加法"

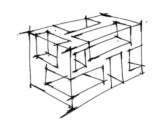

图 2-31 两点透视体块的"减法"

（二）室内家具线稿表现

通过前期体块的"加"、"减"概括练习可知，对于家具的理解应该从骨架（框架）着手，而非皮肉（表面纹理）。（图 2-32 至图 2-36）

绘制要点：

（1）为保证透视和形态的准确，初学者可先用铅笔将家具的几何体块做简单的勾勒，再用勾线笔完成线稿。

（2）绘制过程中注重线条与主体之间的协调，勿顾此失彼。

（3）注重阴影的表现，阴影是表现一个物体体积感的重要手段，无阴影的家具单体给人轻飘飘、不实在的感觉。

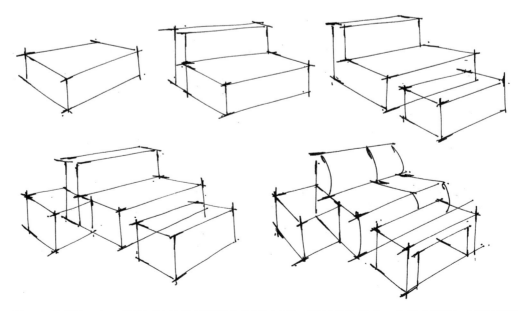

图 2-32 初期练习时，可以将各种形态的家具简化为基本单个体块，通过体块的"加"、"减"将其组合，过程中需要注意每个体块之间的比例与透视关系

图 2-33 室内空间中坐具风格多变，可结合体块的"加"、"减"进行练习

图 2-34 室内空间中家具占据主体地位，初期练习可从简单的室内家具着手

图 2-35　室内小空间组合（一）

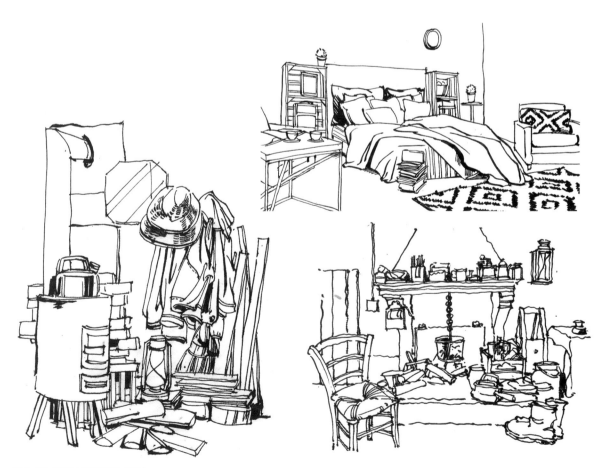

图 2-36　室内小空间组合（二）

图 2-37 室内空间常用配饰

（三）室内配饰线稿表现

在室内空间中，家具以外的其他配饰主要起点缀、美化空间的作用。配饰作为空间中的点缀元素，更多是起到配景的作用，表现风格应根据空间整体风格而定。表现时应明确空间主次关系，强化主体，弱化配饰。（图2-37至图2-41）

绘制要点：

（1）室内配饰是我们日常生活中随处可见的单体，大家在练习时不要仅局限于书中的范例。更多的配饰可以从生活中收集，并且尝试独立表现，个人资料库的整理及丰富有利于日后设计及手绘表现过程中随时调取。

（2）绘制单体时可以用不同的线条绘制方式表现不同的材质特点，增强单体丰富性的同时可进行线条灵活性的练习。

（3）绘制时可将单体进行简单的组合表现，注重单体间的比例关系。所表现的空间层次及相互影响的光影变化，可为后期空间综合练习打下基础。

图 2-38 不同风格的灯具

图 2-39 室内常见植物

图 2-40 室内常见植物及配饰

图 2-41 针织物品

三、室内空间节点表现

空间节点表现练习是向整体空间表现过渡的重要阶段，旨在将单体间的相互关系进行深化与细化。练习的对象多是室内空间局部及相对较小的空间，空间层次相对单一，适合作为基础练习。（图2-42至图2-46）

绘制要点：

（1）注重配饰与主体物的主次关系。配饰应相对弱化，突出主体，做到主次分明。

（2）初学者应重点关注单体间的比例关系，以及单体自身的基本尺度，控制画面整体性。

图2-42 小空间节点组合

图 2-43 工具间角落
画面乱中有序。手绘表现中掌握好画面最基本的透视空间关系，不断添加细节即可

图 2-44 起居室空间表现
大面积的单色平铺可最直接地表现画面黑白灰关系，并区分立面空间与平面空间

图 2-45 厨房局部空间表现

图 2-46 杂物间角落空间表现
用线条强化空间的阴影部分，类似一张线稿"素描"，明暗关系明确

四、室内空间语言表达

　　室内空间的整体性表达较单体表现及局部节点表现而言更加具有综合性，一方面要求设计师具备对于空间变化的整体把控力和表现力；另一方面要求设计师能熟练运用透视表现技法对物体尺度进行合理控制，同时能表现出室内空间的整体风格及空间氛围。对初学者而言需要收集大量相关素材进行临摹，对有一定经验的手绘爱好者或设计师而言，可以从实际方案中选取空间素材，斟酌表现角度、构图方式及表达重点等。

　　（一）黑白空间塑造

　　在学习室内设计表现上色技法之前，线稿所能传递的信息量是十分庞大的，无论是空间中的单体形态，还是材质的差异，以及光影的变化和氛围的营造，都可以通过线稿淋漓尽致地表现出来。初学者尤其应该清楚地意识到线条所能带来的影响力，不要单纯地认为色彩才是表达情绪的唯一途径。（图2-47至图2-52）

图2-47 厨房空间线条表现
基本的空间表现采用最基础的
线条即可，空间效果干净利落

图2-48 工业空间线条表现
注意线条力度与粗细变化，画面感会更强

图 2-49 咖啡厅空间线条表现
大面积色块可增强画面冲击力，单色要注意画面重色块的相互呼应，避免突兀的"黑"

图 2-50 餐饮空间线条表现（一）

图 2-51 餐饮空间线条表现（二）

图 2-52 酒店空间线条表现
线条的粗细变化可以丰富画面效果

1. 构图的重要性

但凡涉及绘画表现，不分画种，构图都是画者需要解决的首要问题。构图的好坏可以决定画面的整体性，甚至可以决定画面所表达的主题及灵魂。在室内设计表现图中，更多的是由设计内容和思想主题以及设计师自身的美学素养主导画面的构图方式。（图2-53）

图 2-53 小构图练习
构图练习可以结合实景照片或现场写生来完成，无需过多细节展示，只需将大的空间关系及透视效果表现出来即可

绘制要点：

（1）合理的构图首先应将设计思维表达清楚，空间范围大小适中，过大或过小的构图都将影响设计整体性的表达及观者的视觉体验。同时可根据自身的美学感受，对画面进行适当的丰富或概括。画面给人以美的感受，是设计师的重要任务，在不影响设计主要表达内容的前提下，可将画面进行适当的变化，以达到最佳表现效果。（图2-54、图2-55）

图2-54 构图过小，周围大面积空白，显得画面过于孤立

图2-55 构图过大，画面缺少应用的空间，给人"不透气"的感觉

（2）通过配饰及细节表现对构图进行调整。初学者在构图时常会出现画面左右偏移或过大过小等常见问题。可以通过对配饰的合理添加来解决这些问题，或是在细节方面进行调整来平衡画面黑白关系。但应尽量避免出现构图不合理，因为构图过大或过满，后期很难再进行调整。（图2-56至图2-58）

图2-56 构图偏移，可在一侧利用植物盆栽或简易的室内装饰品进行空间填充，调整画面与构图

图 2-57 构图偏移，也可在一侧利用植物盆栽和稍大件物件进行空间填充，丰盈画面与构图

图 2-58 画面整体偏小时，可在画面外围补充各种室内配饰，以达到平衡画面的效果

（3）适当采用夸张的表现手法。可以突出设计重点，增加设计亮点以及提升画面可读性。在合理的范围内可以在角度的选取、单体的塑造、光影的变化等方面做适当的夸张处理，但需要以合理性和科学性为前提，避免过度夸张导致设计方案被误读。（图2-59、图2-60）

图 2-59　广角大透视可以凸显空间的开阔，形成较为舒展的视觉空间

图 2-60　小空间表达中适当增添符合画面氛围的配饰小物，不仅可以丰富画面效果，也能够凸显氛围感。图中增添了许多生活小物件，以此强调生活气息的表达

2.空间的进深关系

室内设计表现多是以一个有限的封闭或半封闭空间为基准，虽然空间有限且相对景观及建筑空间尺度也较小，但是在进行表现时仍需将空间的前后、虚实关系表达清楚。利用线条的变化来表现空间层次，可以更好地体现画面的主次关系，也为后期上色做好铺垫。

绘制要点：

（1）线条的疏密、松紧变化是体现空间层次最基本的方式。画面中中景位置的物体通常是整个画面的表达重点，可用相对紧实的线条重点强化，前景和后景在线条的选择上可以适当放松，表现出疏密差异。（图2-61、图2-62）

图 2-61 画面中楼梯与二层阳台是空间中的重点，在线条的运用上可以集中且细致的表现

图 2-62 画面强调两点透视的空间效果，线条由中心向四周、由紧至松蔓延开

（2）强化重点部分画面对比度。对比度越强的部分越容易吸引观者的视线，同时也会拉近视觉焦点，造成更加"靠前"的视觉感受。因此，可以将画面重点部分的明暗对比适当加强，强化空间效果。（图2-63、图2-64）

图2-63 办公空间表现
强化办公桌部分，形成主次对比明确的空间效果

图2-64 餐饮空间表现
画面中心也是视觉中心，中间部分线条紧密、刻画深入，更加能够凸显画面的主次关系

（3）细节刻画程度决定画面层次关系。处于中景的物体可采用细致刻画的方法来强化其重要性，近景及远景的物体表现时可概括其形态，弱化其质感，以形成对比，增强进深感。（图2-65、图2-66）

（4）方法的综合运用。根据画面需求及对象表现，可将以上提到的方法进行综合运用，使画面更加丰富且明确空间的进深感与层次关系。

图2-65 餐饮空间表现 强化画面空间感，对于细节部分以概括为主

图2-66 博物馆空间表现
将建筑内部空间作为重点表现对象，突出建筑的美感，弱化展品的表现，主次分明

（二）线条的个性化表现

室内设计手绘表现中的线条变化就好像人的性格特点，各具特色，没有哪个人的性格是大家做人的统一标准。因此，线条也绝对不会局限于一种或几种表现方式，线条实际上没有对与错之分，只能说针对某个空间而言是否合适。学习了常规化的线条表现方法后，应该广泛涉猎多种多样的线的应用，可以通过线条来表达、释放自己的情绪，可以用线条来编绘自己对于画面的理解与氛围的营造，这些都是值得大家学习的。

在练习时，避免局限于单一的表现工具或固定的表达模式，可以结合不同的手绘工具（毛笔、水彩笔、鸭嘴笔等）进行多种可能性的尝试，多方面的尝试更加有利于找到适合自己的手绘风格，同时也可以激发自己的表现创意。（图2-67至图2-71）

图2-67 粗犷的线条可以凸显画面的视觉冲击力，有一种"野性"之美

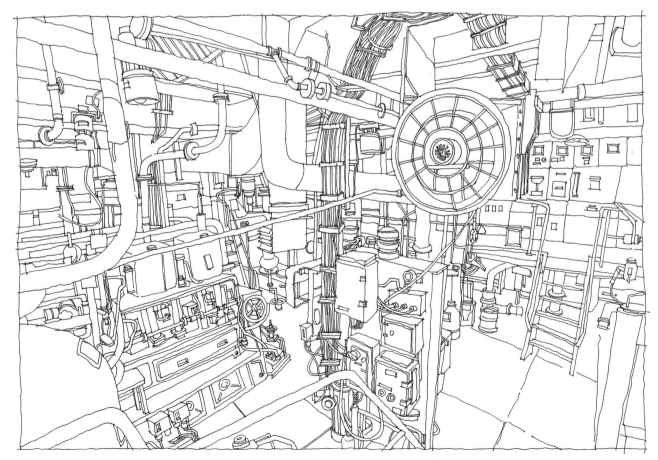

图2-68 精致的写实表现使画面处处充满细节，每一个局部都有内容

图 2-69 黑白分明的画面表达具
有很强的空间感与视觉力量，给人
一眼就可以记住的明确性

图 2-70 随性的线条更加容易
表达随性的空间，室内集市的
轻松感也自然流露了出来

图 2-71 中规中矩的线条可以让小
空间展现出大细节，再杂乱的内容
也能被线条安排得井然有序

第三节　马克笔及其他上色工具表现技法

　　手绘表现的上色工具多种多样，目前应用较为广泛的主要是马克笔和彩色铅笔。不同的上色工具各有其特征，对其特点有较为深入的了解能够更好地使用这些工具。

一、马克笔笔触及上色技巧解析

　　马克笔因快干、色彩丰富、携带方便等特性成为设计类手绘表现主要上色工具，其也是学习室内设计手绘表现初学者最应掌握并熟练应用的工具之一。马克笔的运用方法并不是特别复杂，最应注重运笔时的干脆、利落，避免犹豫不决、不自信的线条。

　　绘制要点：

　　（1）使用马克笔进行表现时，运笔速度不宜过慢，应尽量一气呵成，干净、明快的色块或线条看起来富有力量感，表现力强。若运笔不肯定，笔触有停顿，则会出现明显的斑点和结块，影响线条和色块的整体性。（图2-72、图2-73）

图 2-72 马克笔线条练习

图 2-73 错误示范 不自信、停顿多的线条

　　（2）马克笔的笔触虽然相对明快，但略显生硬，可利用笔触变化、粗细线条的搭配表现色彩的明暗变化，丰富色块效果。（图2-74）

　　（3）在进行色块表现时，可以适当进行笔触的重叠，但需要谨慎和适度表现。由于马克笔自身特性，在笔触不断叠加的过程中，色彩会随之加深。可以利用此特性来丰富色块的明暗变化。但要注意色彩加深的程度是有限的，叠加三次以上时，颜色基本会保持不变，多加无益。

图 2-74 单色渐变表现

（4）为丰富色彩变化，可以适当进行不同色相的色彩叠加。但需要谨慎选取色彩。对初学者而言，应尽量避免用不同色相的马克笔进行色彩的叠加。这种做法易使画面色彩凌乱，致使画面显"脏"。而对色彩运用熟练者来说，可将明度高、对比弱和同类色系的颜色做适当叠加，能营造出色彩灵动的视觉效果。（图2-75、图2-76）

（5）原则上马克笔本身并不具备覆盖力，因此，在上色过程中，应先由浅色入手，逐步加深颜色。有时为塑造特殊的色彩效果，也会采取先画深色后画浅色的上色顺序，这需要结合画面的实际需求来定。（图2-77）

图2-75 同类色渐变表现

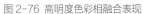

图2-76 高明度色彩相融合表现

图2-77 先浅色后深色（左） 先深色后浅色（右）

（6）画面的整体效果整齐与凌乱除了受线稿影响外，很大程度上取决于马克笔线条及笔触的用法。初学者可先从平涂这种比较简单的绘制方法入手，重点表现"稳定""有序"的画面效果。运用熟练后可利用笔触的方向变化、运笔速度的变化来丰富画面色彩。切忌盲目地模仿和表面性的笔触描绘，否则会出现用笔草率、形态不严谨、缺乏画面感等问题。（图2-78、图2-79）

图2-78 整齐有序的马克笔线条

图2-79 错误示范 杂乱无章的马克笔线条

二、彩色铅笔笔触及上色技巧解析

彩色铅笔具有色彩柔和、变化丰富、易于掌握等特性，在进行手绘表现时，多配合马克笔进行色彩表现，亦可单独使用。

绘制要点：

（1）通过对用笔力度的控制，可以利用彩色铅笔表现色彩过渡的效果，柔和的笔触使过渡效果更加自然。（图2-80）

（2）运笔方向应尽量统一，避免画多方向的线条，否则会使画面效果零碎，缺乏整体感。（图2-81）

图2-80 整齐有序的彩铅线条

图2-81 错误示范 杂乱无章的彩铅线条

图 2-82 适当叠加彩铅线条，可以增添画面细腻感与丰富性

（3）彩色铅笔灵活的笔触变化相对于马克笔更加便于进行色彩的叠加，可以充分利用此特点来进行色彩的丰富表现。（图 2-82）

三、室内陈设综合表现

在面对真实的设计项目时，设计师会根据方案要求、设计亮点及设计进展等诸多因素采取不同的表现方式，即使是同一设计方案也可表现出不同的效果。作为未来设计师的我们需要熟练掌握不同工具及其表现方法，以在日后学习及设计工作中发现更多的可能性。

室内陈设综合了家具、配饰等多种元素，是塑造完整空间效果图必备的前期条件。单体的表现目的性较为纯粹，节点及小空间的表现需要更多地考虑环境因素和整体风格效果。在选择表达方式时可根据元素的特性及空间的需求具体而定。但无论是使用马克笔、彩色铅笔，还是多种上色工具混合使用，都需要以物体的体块、质感和空间的适用、搭配为表现原则。同时，可以在日常生活中多积累类似素材，方便设计时随时调用。（图 2-83 至图 2-85）

图 2-83 室内单体上色表现
颜色不在多，重点突出每个个体的体积感即可

图 2-84 室内小空间节点上色表现

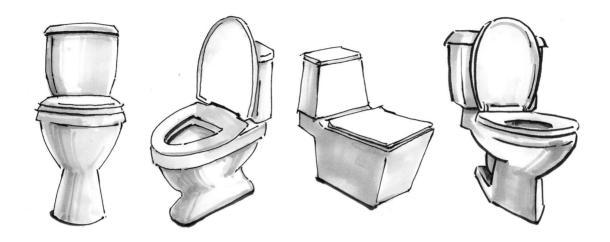

图 2-85 卫浴空间上色表现
卫浴空间色彩尽可能简单、纯粹，以表现空间的通透、干净为主

绘制要点：

（1）物体的质感表现很大程度上由上色技巧决定。颜色的选择、笔触的方向、运笔的速度、色彩的叠加及其他辅助工具的合理运用均可以表现出理想中的质感效果。（图2-86）

图2-86 室内小空间节点线稿及上色对比表现

（2）植物是室内配饰中重要的组成部分，室内植物的表现技巧与景观建筑表现图中的植物基本一致。而且植物的造型分类可以概括为常见的几类，在实例中运用时按需适当修改其大小、颜色、外轮廓即可。（图2-87、图2-88）

图 2-87 植物作为室内配饰，无需深入刻画，采用 1—2 种绿色将其固有色表现出来即可，过于深入反而易造成主次不分的情况

图 2-88 室内植物上色过程图

（3）在进行家具的表现时，可将其理解为立方体块，再复杂的家具形态用三个颜色都基本可以概括出来（除投影）。初学者可直接采用平涂的方式，用黑、白、灰三个色阶来区分家具的块面，使其基本的体积感表达明确。熟练后可利用笔触变化、色彩搭配及工具的综合运用来丰富画面效果。（图2-89）

（4）在进行配饰的色彩表现时可适当弱化色彩的细节，除在画面中占据重要位置的配饰单体外，大多数配饰都属于主体的"配角"，仅作背景或起丰富画面效果的作用。弱化配饰可以更好地凸显"主角"的重要性，使画面效果主次分明。（图2-90）

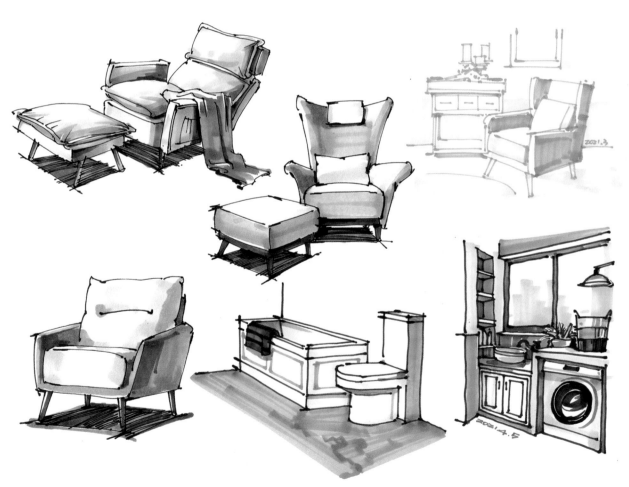

图2-89 室内单体单色上色表现
单色练习便于初学者对于物体空间明暗的理解，可作为日常基础练习

图 2-90 室内空间节点色彩表现

（5）居住空间是相对较小的室内空间，表现时一般不会出现人物，在较大的室内公共空间可表现少量人物作为空间的点缀。设计表现图中的人物多以概括的手法进行表现，尤其远处的人物可只作"剪影"处理。（图2-91）

图 2-91 人物为主的室内空间表现
人物可增加空间的生动性，让画面更具生活气息

四、室内设计综合手绘表现

本部分所展示的室内空间手绘表现图都是以马克笔作为主要绘制工具，其中部分表现图由于画面需求适当使用了其他辅助工具。范图涉及不同的室内空间场所，在绘制方法上也稍有区别，初学者可按步骤进行临摹学习，也可以在这个过程中发掘更加适合自己的手绘表现方法，进而在学习中逐渐形成自己的风格、特点。

案例一：教堂内部空间表现。（图2-92至图2-96）

图 2-92 手绘表现并非一定要画钢笔线稿，铅笔简单起稿后直接用马克笔上色也是可以的

图 2-93 上色时可从中间部分向四周扩展

图 2-94 上色过程中需要随时注意画面的整体性，切忌因小失大

图 2-95 不断深入的过程中，要注意黑白灰关系、明暗效果、光影变化、高光等的把控

图 2-96 最后整体调整画面细节

案例二：居住空间表现。（图 2-97 至图 2-101）

图 2-97 线稿注意强化空间纵深感与主次

图 2-98 上色可从重点部分入手

图 2-99 处理背景部分时需注意中景重点是否突出，保证背景的统一性

图 2-100 空间中远景部分以概括的表现手法为主，色调为统一的棕黄色

图 2-101 最后适当调整画面细节

案例三：餐厅空间表现。（图2-102至图2-106）

图2-102 在线稿阶段用强烈的明暗关系突出画面的空间感

图2-103 画面中间部分为重点表现部分，前景和背景可概括表现

图2-104 空间中物品较多较繁杂时，需保证整体色调的统一性，植物可作为点缀丰富画面效果

图 2-105 背景可采用灰色系，在灰调中穿插彩色

图 2-106 利用高光笔提亮，增添画面细节

案例四：工业空间表现。（图2-107至图2-111）

图 2-107 工业空间看似繁杂无序，实则具有强烈的空间秩序

图 2-108 近景部分可进行细致表现，钢铁的质感并非只有灰色可利用，摩擦、生锈的痕迹可以利用马克笔丰富的色彩进行深入刻画

图 2-109 上色的过程本身并不难，管道的连接与前后关系的表达需要耐心与细心

图 2-110 天花板和背景部分以色彩的平铺为主，重点突出前景的细致刻画

图 2-111 最后调整画面

案例五：咖啡厅空间表现。（图2-112至图2-116）

图2-112 这是一组适合临摹的空间表现，线条清晰干净，注意一点透视关系的表达

图2-113 确定画面的主体色调，以灰棕色为主

图2-114 由远及近、由中间向四周进行上色

图 2-115 因画面细节较多，所以大色块以平铺为主即可

图 2-116 注重材质表现，强调木质墙面与大理石地面的质感

案例六：酒店大堂空间表现。（图2-117至图2-121）

图 2-117 线稿部分根据主次关系进行线条的变化

图 2-118 以前景沙发组合为主要表现对象，可适当进行细节深入表现

图 2-119 背景以大面积铺色为主，突出主体

图 2-120 天花板部分也做概括处理

图 2-121 利用彩铅强化画面质感，高光笔增强光感与细节

案例七：工业空间表现。（图2-122至图2-126）

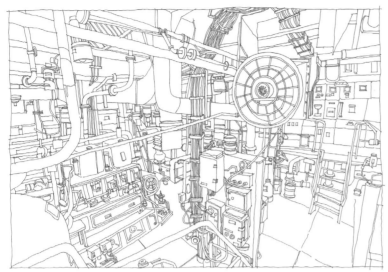

图2-122 线稿线条要清晰明确，注意透视的准确性

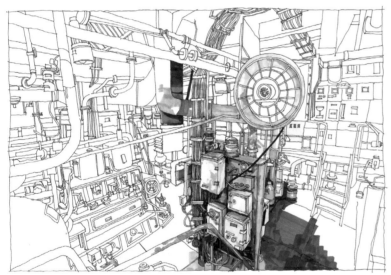

图2-123 上色可从画面中间部分入手，深入刻画机械金属质感

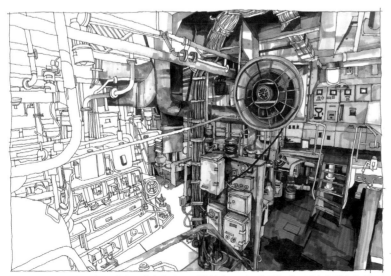

图2-124 画面主题色以黄色和蓝色为主，对比较为强烈，背景部分用黑灰色进行调节，控制画面整体的协调性

图 2-125 工业空间很多细节可以深入表现，生锈的机械表面、杂乱的电线都可成为画面的看点

图 2-126 调整画面整体效果，以大的空间关系为主，利用色彩进行质感的提升

案例八：教堂内部空间表现。（图2-127 至图2-131）

图 2-127 无线稿直接上色，从重点部分入手

图 2-128 雕塑部分可进行形体概括，掌握整体的明暗关系即可

图 2-129 即使是统一材质的石雕，也会受到环境的影响呈现出多样的色彩，在灰色的基础上适当添加其他色彩会使画面效果更加丰富

图 2-130 前景部分适当刻画细节即可，无需过度深入

图 2-131 调节画面光感效果，中间亮、四周暗，更好地表现宗教空间的神圣感

第四节　室内设计手绘平、立面图表现

室内空间设计中，平面图和立面图是十分重要的组成部分。平、立面图不仅仅是设计方案的展示，更是施工图的重要样图，因此，平、立面图在表现方面应该侧重准确性、科学性的体现，较空间透视效果图而言可适当削弱其表现性。

一、平面图表现技法

平面图是室内设计过程中需要最先完成的图纸，空间的整体布局、功能分区、交通流线及家具摆放位置都需要完整呈现。设计师及甲方将反复从平面图中推敲设计的可能性与合理性，待方案在平面图中确认后再进入下一步设计。

平面图的表现重点在于划分空间布局，画面整体需要严谨、清晰、易懂，无需刻意追求表现技法上的丰富。（图2-132至图2-135）

绘制要点：

（1）平面图中各部分都须按照比例严谨绘制。完整的平面图需要包括题目、比例尺，必要时需标明图例。

（2）室内平面图属于建筑平面图，首先需要标注好轴线，同时需标注尺寸，如若地面高低有差，还需注明标高。

（3）平面图中的家具需要按照比例及设计中确定的位置进行绘制，并且家具的种类及设计风格多样，会决定在平面绘制时样式的差异，具体的画法可参照施工图制图统一标准。

（4）地面材质如完全按照比例绘制会使得平面图过于复杂，可适当在平面图中简化，后期设计详图中单独绘制或用文字标注详情即可。

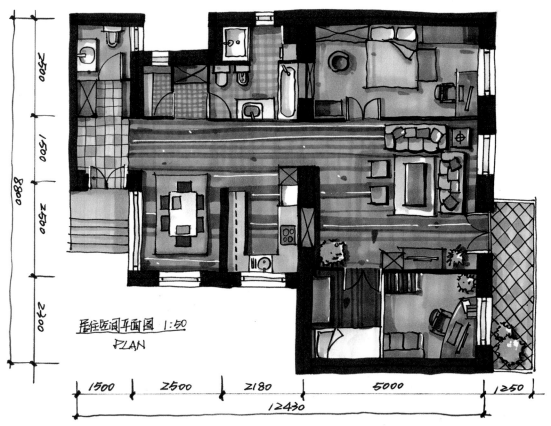

图2-132 马克笔平铺更能体现出空间的整体性，适当增添室内家具的阴影可以使平面的空间变得立体

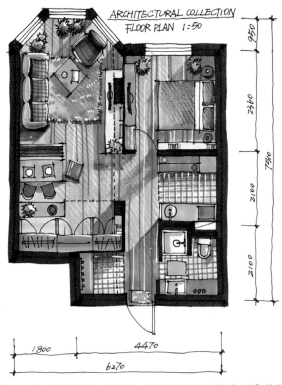

ARCHITECTURAL COLLECTION
FLOOR PLAN 1:50

图 2-133 彩铅可增添画面质感，光影的表现也能使"无聊"的平面图变得"有趣"

（5）室内设计平面图不仅包括地面平面图，也包括天棚图。天棚图主要包含天花板的整体造型、材质、灯具排布、消防点位等基本信息，在手绘天棚图中，重点在于造型结构、灯具排布及材质表现。

（6）平面图中各项元素的表达方式都依据施工图制图统一标准中的要求进行概括或演变而成，初学者可自主进行查阅、参考。

（7）在对平面图进行着色时，可以通过加深阴影来凸显空间的立体效果，同时也需注意统一阴影方向。平面图的色调应统一、明确，避免过多的色彩堆砌而使画面显得凌乱，不易读懂。尽量以干脆、平稳的笔触为主，将大的明暗关系明确表现即可。

（8）平面图的表现方式也有草图式和细节刻画式等不同风格之分。多受个人习惯及设计需求影响，各种风格均可作为表现参考。

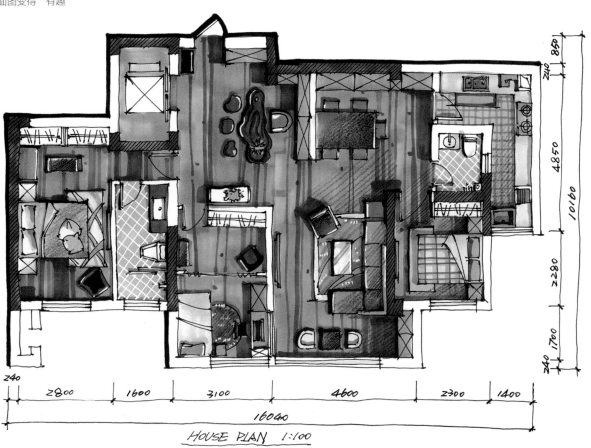

HOUSE PLAN 1:100

图 2-134 平面图的表现以简单干净的色彩为主，避免过多颜色的堆砌与重叠

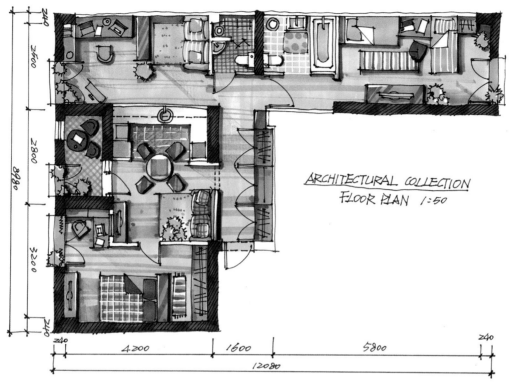

图 2-135 不同质感的表现最好能一目了然，"看懂"比"好看"更重要

二、立面图表现技法

立面图主要表现室内空间中垂直方向立面材质、尺度、结构等墙面造型，同时也是后期施工图中重要参考样图。因此，立面图的绘制应更加严谨、科学。(图 2-136 至图 2-139)

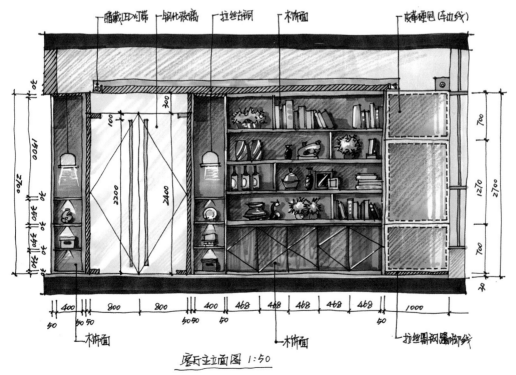

图 2-136 书柜、展示柜立面图
绘制立面图时需要更加严谨的设计逻辑，结合施工方法进行表现，为后期施工图做重要参考

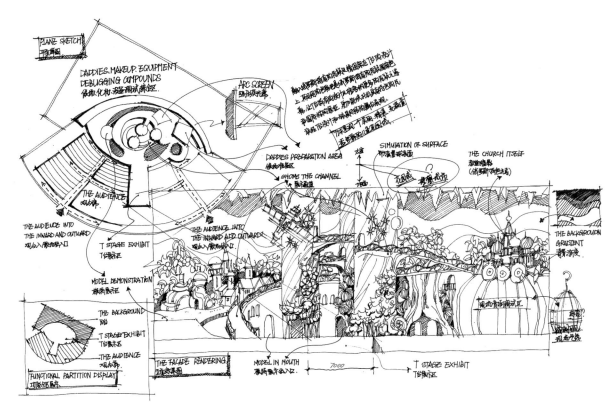

图 2-137 舞台空间立面图

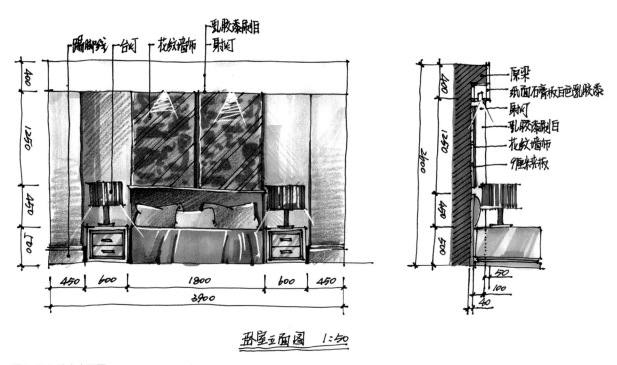

图 2-138 卧室立面图
立面图可以很直观地表现空间中所使用的材料、色彩、施工方式与工艺，而手绘表现则是将科技用艺术化的手段表现出来

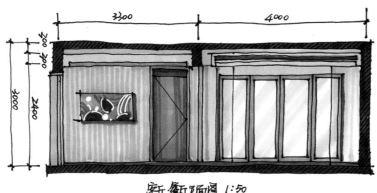

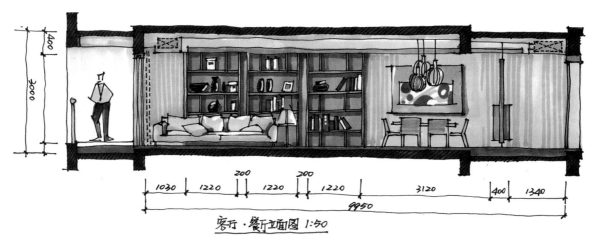

图 2-139 客厅、餐厅立面图

绘制要点：

（1）立面图中各部分都需要按照比例严谨绘制，完整的立面图需要包括题目、比例尺、尺寸标注、标高等基本信息。

（2）明确绘制立面空间中墙面造型、门窗位置、家具之间的立面关系。

（3）用索引的方式标明立面材质，必要时需标明材质色彩、尺寸及做法。

（4）在对立面图进行上色时，应尽量用色彩强化立面效果、空间的进深关系及光影效果，反映真实的空间层次。

思考题：

1. 手绘表现与设计的关系是什么？

2. 自己更加偏向哪种风格的手绘表现图？

3. 在学习过程中，对于手绘表现的工具使用有何心得？

课余时间练习题：

除马克笔和彩色铅笔外，利用其他表现工具进行室内设计手绘表现图练习或创作。了解其特性并尝试多方面运用。

3

室内设计手绘表现案例分析

3 室内设计手绘表现案例分析

好的创意都是在反复思考中形成的，在不断修改中得到升华，在熟练的技能中得以表达。室内设计手绘表现始终是以设计作为最根本的出发点，依附于设计的手绘最能体现其价值。设计师所画的表现图与艺术家创作的艺术作品最大的区别在于主观感受，强烈个人欲望的表达只适合艺术家的艺术作品，而作为设计师，必须以"设计"为根本，而"设计"，则必有前提及约束。因此，设计表现图不是设计师任性的主观表达，而是在趋于实际的前提下绘制的具有指导性的参考图。

设计初期的草图以及设计后期的效果图，都可以结合手绘表现来诠释设计。以下为从室内空间实际方案中选取的较有代表性的方案，旨在向大家展示手绘表现与室内设计的融合。

第一节　居住空间设计方案展示 1

本方案是一套现代中式风格的居住空间设计，设计师在传统中式风格的基础上融入了庄重感与优雅感，使得现代中式的设计理念更加符合主人家的需求。主体空间的设计保持木质感的棕色调，使空间拥有沉稳大气的视觉效果，室内家具以及装饰性工艺品的合理运用也凸显了现代优雅的风格。在手绘表现方面保持色调的统一，小部分跳跃的色彩则更加凸显了空间的氛围效果。（图 3-1 至图 3-7）

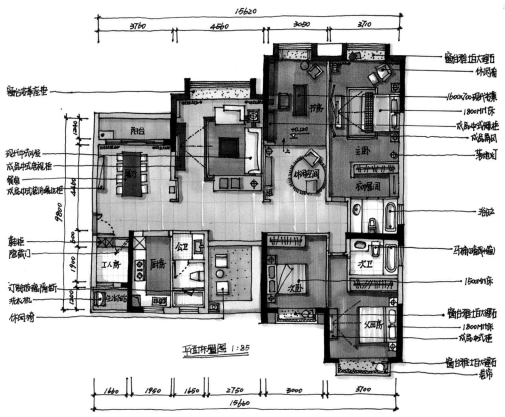

图 3-1 居住空间总平面图

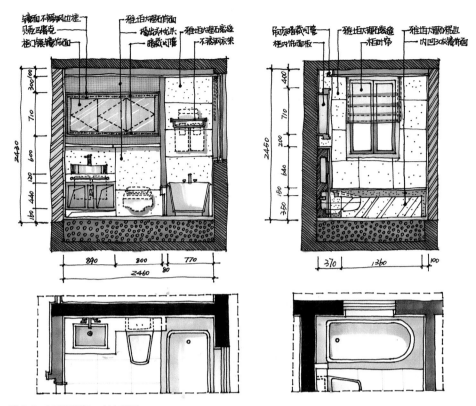

图 3-2 主卫平面图、剖立面图

图 3-3 主卫效果图

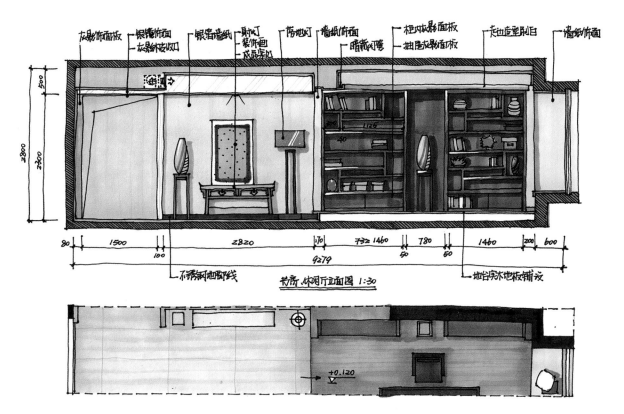

图 3-4 书房区域平面图、剖立面图

图 3-5 书房效果图

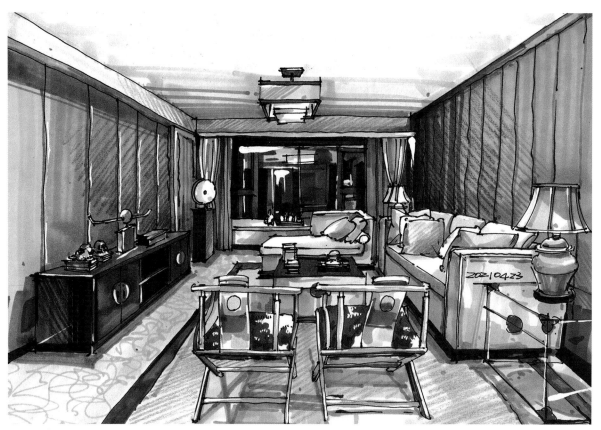

图 3-6 客厅效果图

图 3-7 空间推敲过程草图

第二节 居住空间设计方案展示2

本方案是一栋三层别墅室内空间设计，明亮、大胆的配色，具有现代风格的金属质感，室内软装别致的造型感，都使其给人眼前一亮的视觉冲击力。黄、蓝两种对比色的冲击让空间跳跃了出来，灰调的背景很好地凸显了整体氛围，实用且富有朝气的生活特征从各个细节中展示出来。（图3-8至图3-12）

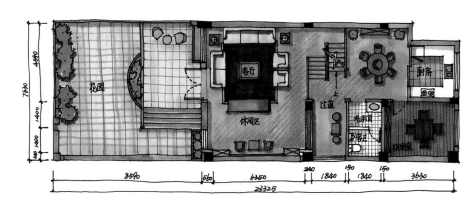

图3-8 别墅一层平面图（带花园）

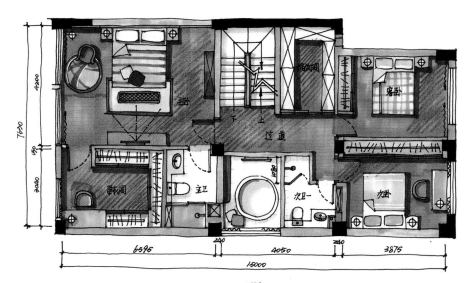

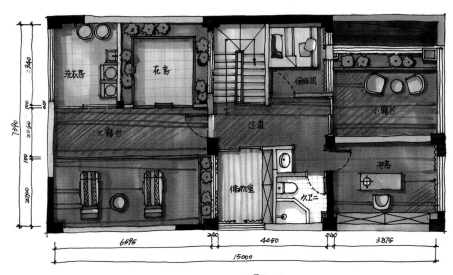

图3-9 二层、三层平面图

图 3-10　客厅效果图

图 3-11　设计过程草图

图 3-12 客厅节点效果图

第三节　居住空间设计方案展示3

　　本方案是现代风格早期代表，直线条使整个空间具有一种"规则美"，不同深浅的灰色调加强了空间的高级感，给人一种清爽、冷静的视觉效果。在表现方面配合马克笔中不同灰色的搭配，营造出空间的层次感与纵深感，让人于纷繁多变的宇宙中寻得一刻安静。（图3-13至图3-17）

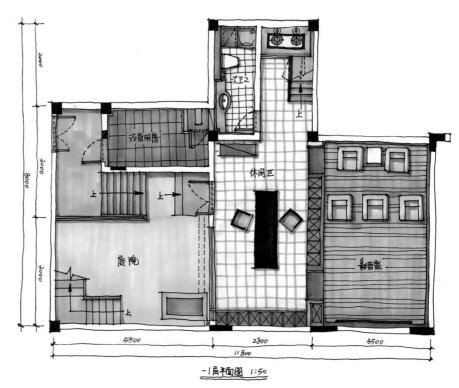

图 3-13　负一层平面图

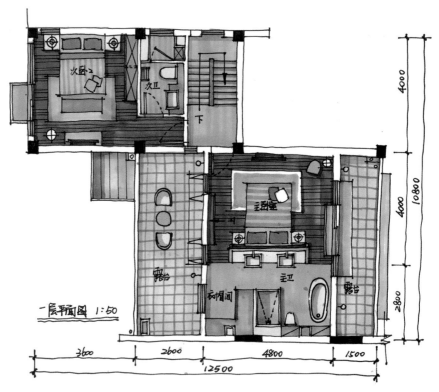

图 3-14　一层平面图

图 3-15 客厅效果图

图 3-16 餐厅效果图

图 3-17 洗手间效果图

第四节 "吴家大院"民宿空间设计方案展示

　　"吴家大院"位于福建省龙岩市培田村，是由一座具有悠久历史的老房子改建而成的民宿建筑，其内部经过主人家的精心设计布局，既保留了老建筑的整体框架结构与古香古色的风格特征，也能够满足来自世界各地旅游者多样化的居住需求。

　　中国传统院落温润的色调在这里可以清晰地体会到，木质建筑的温度也可以轻松地表现出来，一进大门的天井是众多游客心之向往的空灵之所，身处此地可以看星星、观人生，最能展现中国老建筑美之精髓。（图3-18至图3-22）

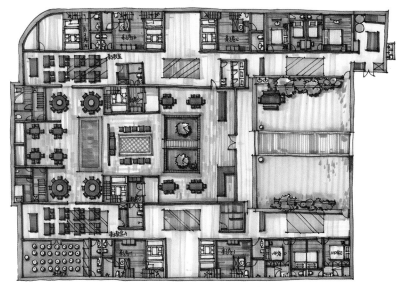

图3-18 "吴家大院"民宿空间平面图

图3-19 天井空间效果图

图 3-20 品茶区效果图

图 3-21 会议室空间草图

图 3-22 主厅效果图

第五节　海洋馆设计方案展示

　　"陨落的王国"海洋馆将玛雅文化作为设计主题，以丰富有趣并且神秘的玛雅时代代表性石雕符号、文化造型为空间基础，打造了一个具有神秘色彩的海底王国。

　　本方案手绘设计图以剖立面大场景表现为基础，将海洋馆的整体空间效果尽可能地展示清楚，其中在空间层次上分为入口处的海豚观赏区、小型海洋鱼类展示区；中间部分的纪念品售卖区、儿童攀爬游乐区、大型水母展示区；下层设有北极熊馆和企鹅馆，以及空间效果最为震撼的深海鱼类综合观赏区。每一部分的展示空间都配有玛雅文化主题雕塑，与空间很好地融为了一体，营造出了一种古老文化沉寂于深海几千年的神秘感与穿越时空般的历史感。(图 3-23 至图 3-27)

图 3-23 海洋馆设计草图

陨落的王国

"陨落的王国"海洋馆将玛雅文化作为设计主题，通过丰富有趣并且神秘的玛雅时期代表性石雕符号、文化造型为空间基础，打造一个具有神秘色彩的海底王国。

本方案手绘设计图以剖立面大场景表现为基础，将海洋馆的整体空间效果尽可能地展示清楚，其中在空间层次上分为入口处的海豚观赏区、小型海洋鱼类展示区；中间部分的纪念品售卖区、儿童攀爬游乐区、大型水母展示区；下层设有北极熊馆和企鹅馆，以及空间效果最为震撼的深海鱼类综合观赏区。每一部分的展示空间都配有玛雅文化主题雕塑，与空间很好地融为一体，营造出一种古老文化沉敛于深海几千年的神秘感与穿越时空的历史感。

图 3-24 剖立面图

图 3-25 局部立面效果图（一）

图 3-26 局部立面效果图（二）

图 3-27 局部立面效果图（三）

思考题：

1. 设计师的自我意识在设计表现中如何表达？

2. 设计师与艺术家之间最大的区别是什么？

3. 设计方案与设计表现图哪一个更重要？

4. 在设计方案表现图中，是否需要明确表现出个人风格与特点？

课余时间练习题：

收集不同室内空间设计手绘表现方案，并分析其特点和优点。

4

优秀室内设计手绘表现作品赏析

4 优秀室内设计手绘表现作品赏析

图 4-1 工业空间表现

画面看似杂乱无序，但是通过线条的梳理与色彩的表现，很好地营造出工业空间的氛围效果

图 4-2 工作室空间表现
主题性较为明确，看起来并不觉得无趣

图 4-3 工业空间表现
大型机械的体量感与冷暖色调的对比结合得很好，画面整体感较强

图 4-4 杂物间
生活中的杂物数量、形状、色彩各异，表现时应将色调尽量协调统一，如此画面会更加和谐

图 4-5 工业空间表现
大空间的表现需要强化透视效果，增加画面纵深感，并且将主体机械的金属质感进行深入刻画，使画面近看有细节，远看有空间

图 4-6 起居室空间表现
空间中的家具陈设较为简单，重点表现窗
外的景色与室内的关系，清爽的色调可以
很好地营造轻松的氛围感

图 4-7 小空间表现
对于小空间的表现，可选择 1—2 样物品增
加细节刻画，小而精的表现手法可以增加
画面的可看性

图 4-8 工具间空间表现
工具间内数不清的工具无序的散落着，用线条将它们"理顺"，强化画面的黑白灰关系是首先需要解决的问题

图 4-9 木质建筑内部空间表现
原始的木质感极易营造温馨舒适的室内空间，注意木质感的深浅层次与空间进深关系，避免"空间错乱"

图 4-10 酒吧空间表现
色调统一协调、细节丰富的空间表现也会是一幅好作品

图 4-11 酒吧空间表现
将室内外空间通过冷暖色调区分开，一半温馨舒适，一半清爽自然，画面具有极强的视觉冲击力

图 4-12 起居室空间表现
画面体现出了现代简约风格的优雅气质，屋顶和地面的材质对比凸显了空间的变化

图 4-13 机械内部空间展示
两点透视的透视效果增强了空间的纵深感，色彩表现与透视相依附，增加了画面的科技感与神秘色彩

图 4-14 办公空间表现
沉稳大气的空间氛围十分符合办公空间的调性，窗外的光"点亮"了整个空间

图 4-15 室内居住空间表现
打破传统室内空间表现构图的选择，采用对半式的构图方式，让空间更加灵动、多变

图 4-16 工业空间表现
画面中管道错综复杂，需将中前景部分进行深入刻画，背景采用整体大色块，明确空间中的前后关系与主次对比

图 4-17 书房空间表现
画面整体色调偏重，给人以内敛稳重的心理感受，窗户部分的留白对于画面空间的通透感营造是十分必要的

图 4-18 厨房空间表现
画面表现出一种平稳的秩序感，依次排列的厨具增强了视觉上的舒适度

图 4-19 生活市场表现
人物可以将空间变得生活化，道路两旁琳琅满目的商品强化了市场的氛围感，使画面显得尤为生动

图 4-20 工业空间表现
强化"大机器"的刻画，近景部分的质感表现是画面的重点，锈迹斑斑的钢铁与布满油污的机器表面，都可以用马克笔表现出来

思考题：

1. 自己最适合哪种风格的手绘表现？

2. 有没有自己喜欢的手绘画者？

3. 在自己未来的设计中，是否会利用手绘表现的形式表达自己的设计思维？

4. 在整个学习过程中，认为最难以掌握的是哪一部分内容？

课余时间练习题：

收集不同风格、类型的手绘作品。

参考文献

[1] 丹尼·葛瑞格利. 旅绘人生——一支笔、一张纸、一段美好的想像旅行 [M]. 刘復苓，译. 台北：马克孛罗文化出，2014.

[2] 丹尼·格雷戈里. 手绘旅行：43 位艺术家的创意速写簿 [M]. 马靖，译. 上海：上海人民美术出版社，2015.

[3] 孙建平，康弘. 大师的手稿——探索大师的心路历程 [M]. 石家庄：河北美术出版社，2009.

[4] 王玉龙，田林. 环境艺术设计手绘表现教程 [M]. 重庆：西南师范大学出版社，2015.

[5] 杨健. 杨健手绘画法 [M]. 沈阳：辽宁科学技术出版社，2013.